du Progrès
en son Temps

NATIONAL

COMMENT IL FAUT SE SERVIR DU TÉLÉPHONE A PARIS

(Voir la table des matières à la dernière page.)

L'établissement d'une communication téléphonique nécessite la collaboration :

A. — De l'abonné demandeur;
B. — Du central téléphonique;
C. — De l'abonné demandé.

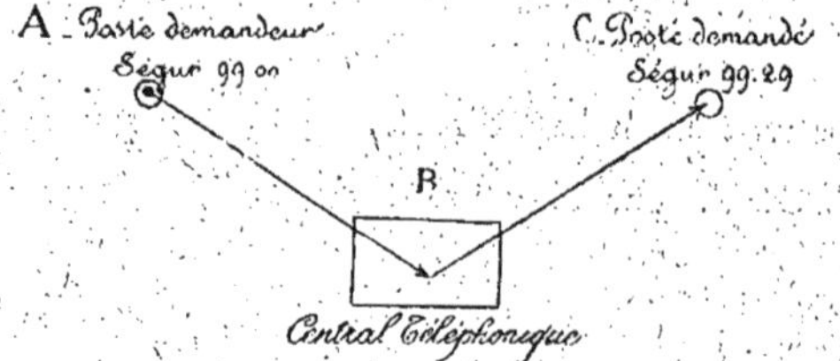

L'abonné demandé peut être atteint par la téléphoniste qui a reçu l'appel *(cas exceptionnel)*.

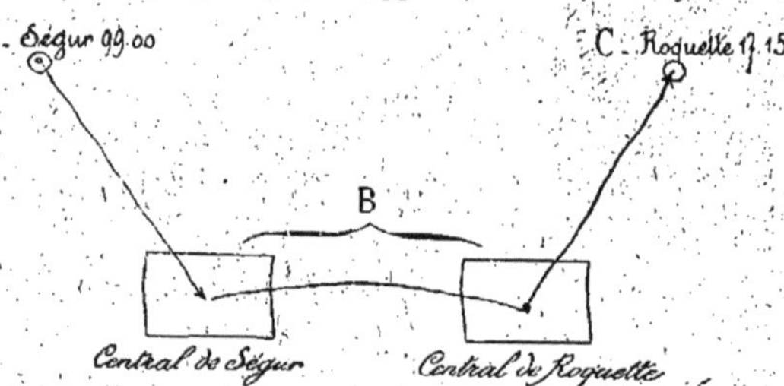

L'établissement de la communication exige l'intervention de deux téléphonistes *(cas général)*.

A Paris :

Pour toute communication téléphonique, interviennent outre les deux abonnés, **appelant** et **appelé,** une ou plus généralement deux téléphonistes:

— *Celle qui répond au demandeur.*

— *Celle qui donne le numéro demandé.*

Au poste demandeur

Avant de décrocher l'appareil assurez-vous bien du numéro que vous voulez demander, en consultant le dernier annuaire et ses suppléments.

Si ce numéro ne figure pas encore à l'annuaire ou dans ses suppléments demandez-le au **Service des Renseignements** du bureau où il doit être rattaché d'après la liste par rues qui figure à la fin de l'annuaire.

Exemple : Pour un abonné de **la rue Cambacérès**, demandez : **" les Renseignements d'Élysées "**

Dès que paraît l'Annuaire, je tiens le répertoire des numéros téléphoniques de mes correspondants sur le modèle **très pratique** fourni par les **Publications de l'Indicateur Universel des P. T. T.**, 3, rue de Champagny, Paris (VIIe).

Voir page 1 de la présente brochure.

Tenez à jour la liste de vos correspondants habituels.

Un abonné qui ne veut pas perdre son temps doit modifier avec soin la liste de ses principaux correspondants dès que paraît un nouvel annuaire.

Faites-le et obligez votre personnel à le faire.

Ne conservez pas les annuaires périmés, n'en faites plus usage.

Si vous avez besoin de plusieurs annuaires pour vos services, adressez-vous, pour leur achat, **aux guichets des bureaux de poste** ou au

Dépôt Central
du Matériel des P. T. T.,
75, boulevard Brune, 75
PARIS (XIVe)

Pour faire un appel,

décrochez le récepteur, portez-le à l'oreille et attendez la réponse de la téléphoniste sans agiter le crochet.

Une lampe s'allume, devant la téléphoniste, au décrochage de l'appareil.

Si vous êtes seul à appeler, la réponse ne se fera pas attendre.

Mais si plusieurs appels ont lieu presque simultanément, vous devrez attendre votre tour.

Si vous êtes seul, vous êtes servi.

Si vous êtes plusieurs, il faut attendre.

N'agitez pas le crochet pendant l'attente de la réponse du bureau.

Cette manœuvre est inutile.

Elle n'active pas la réponse de la téléphoniste, au contraire elle gêne celle-ci, quand elle se porte sur votre ligne, pour s'annoncer.

Groupe de départ de 90 à 120 abonnés.

Plusieurs abonnés appellent en même temps.

A *Littré*, avant la réponse de la téléphoniste, la manœuvre du crochet peut vous faire perdre votre rang et prolonger votre attente.

La téléphoniste répond : “ j'écoute ”

Aussitôt, sans parole superflue, faites votre appel.

Je parle clairement..... mon appareil près des lèvres, je décompose les nombres qui prêtent à confusion.

— Parlez clairement sans élever la voix en rapprochant le plus possible les lèvres de l'appareil.

— Détachez nettement les groupes de chiffres.

— Décomposez les nombres qui prêtent à confusion, comme : *treize, seize, six, dix.*

Dites notamment :

Pour	quatre	*quatrrre.*
—	cinq	*cinque.*
—	six	*sisse, deux fois trois.*
—	sept	*septe, quatre et trois.*
—	huit	*huite, deux fois quatre.*
—	dix	*dix, deux fois cinq.*
—	treize	*treize, six et septe.*
—	seize	*seize, deux fois huite.*

Exemple : *Gutenberg* ***13.09*** *s'énonce :*
Gutenberg **treize** (*six et sept*) **zéro, neuf.**

Soyez bref et précis.

Les groupes de chiffres prêtent à confusion, vous l'avez remarqué quand vous parlez chiffres avec un correspondant, quand vous passez des prix, des cours, des dates, des mesures.

Vous vous rendez compte combien il est difficile d'éviter des erreurs.

Prenez donc un soin particulier pour faire vos appels au téléphone et exigez de votre personnel qu'il prenne le même soin.

La téléphoniste doit répéter le numéro que vous demandez, écoutez attentivement cette répétition.

Une fois que la Téléphoniste a pris votre Appel, les cas suivants peuvent se produire :

1° *L'abonné demandé répond ;*

2° *L'abonné demandé n'est pas libre ;*

3° *L'abonné demandé ne répond pas ;*

4° *L'abonné demandé n'est pas sonné ;*

5° *La communication est coupée accidentellement ;*

6° *On vous donne un faux numéro ;*

7° *On vous donne votre correspondant, mais il est en cours de conversation avec un autre abonné ;*

8° *Vous êtes mis en communication avec deux abonnés inconnus.*

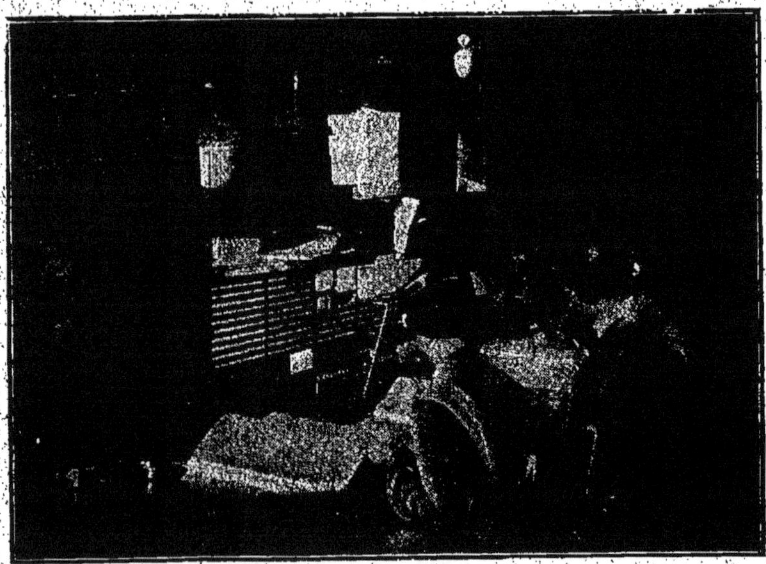

Photo Sartony, rue Laffitte.

Table de Renseignements pour les abonnés transférés qui ont changé de numéro ; abonnés nouveaux qui ne figurent pas encore à l'annuaire ; abonnés absents.

5, rue Lamartine, Paris - Trudaine 77-31 et la suite

R. C. Seine 90.251.

LES MOTOS

MONET & GOYON

ROBUSTES et CONFORTABLES...

sont le moyen de transport le plus économique, convenant aussi bien
AUX AFFAIRES... QU'A LA PROMENADE... OU AU SPORT...
Monet et Goyon, 95, rue du Pavillon - **MACON**
Agence : 6, rue de Moscou — PARIS (8e)

Commercial Cable Company

24, boulevard des Capucines, 24 - PARIS (9e)

Portez sur vos câblogrammes pour
les Amériques la mention non taxée

VIA COMMERCIAL

Téléph. : Central 42.87, Gutenberg 74.11

L'abonné demandé répond

Dès que la liaison est établie avec le numéro que vous avez demandé, un roulement à **cadence lente :** *(brrrrr..... brrrrr.....)* reproduisant la sonnerie du téléphone vous indique que le numéro demandé est bien appelé.

Il répond, après que vous avez entendu ce roulement, dans un délai qui dépend de ses habitudes.

Ce roulement à **cadence lente** est ce qu'on nomme **le retour d'appel.**

Le numéro demandé n'est pas libre

A. — Ce renseignement est donné par un ronflement interrompu d'une cadence rapide : *(brrr.... brrr.... brrr.... brrr....)*, qu'il ne faut pas confondre avec le ronflement à cadence plus lente vous indiquant que votre correspondant est appelé : *(brrrrr... brrrrr... brrrrr...)*.

Dès que j'entends le signal " pas libre " je raccroche mon appareil.

Dans la plus grande généralité des cas, c'est par ce signal que vous êtes prévenu que votre correspondant n'est pas libre.

La téléphoniste n'a pas à intervenir ; dès que vous recevez ce signal, raccrochez vos récepteurs et attendez pour rappeler ce même numéro un temps suffisant pour l'échange et la rupture d'une communication de durée moyenne (environ 3 minutes).

B. — Ce renseignement est donné **« de vive voix »**.

Ce renseignement peut aussi être donné, dans certains cas, *immédiatement après votre demande* et de vive voix, par la téléphoniste. Par exemple pour un appel d'un Ségur pour Ségur, d'un Passy pour Passy.

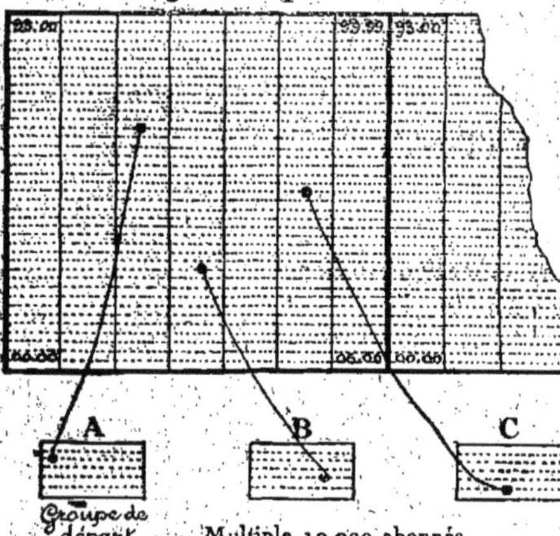

Les téléphonistes A, B, C peuvent essayer directement devant elles les lignes d'abonnés.

N'en soyez pas surpris ; quand ce renseignement est donné de vive voix et presque instantanément, c'est que votre téléphoniste a, devant elle, le tableau de tous les abonnés de son bureau et que, **par un essai rapide sur la ligne du numéro demandé,** elle est avertie par un bruit spécial, dans son récepteur, que ce numéro n'est pas libre.

L'abonné demandé "ne répond pas"

Il n'y a pas de signal de non réponse pour les abonnés de Paris.

Bébé répond au téléphone !

Si au bout d'un laps de temps, que vous devez apprécier suivant les habitudes de votre correspondant, vous n'avez pas obtenu sa réponse, après *avoir entendu le retour d'appel,* comme il est dit dans le cas où l'abonné répond, raccrochez sans insister davantage.

Le retour d'appel vous indique :

1° *que la communication est bien établie,*
2° *que votre correspondant est bien sonné.*

Si vous n'entendez pas sonner votre correspondant

Si vous n'entendez pas le retour d'appel, dont on vient de parler, rappelez la téléphoniste en *manœuvrant lentement le crochet jusqu'à ce qu'elle se présente* et dites-lui simplement :

« **On ne sonne pas mon numéro.** »

Peu après, vous devez entendre le *retour d'appel.*

On ne sonne pas mon numéro !

Votre communication est coupée accidentellement

A. Si vous êtes le demandeur

Ne raccrochez pas

Manœuvrez lentement le crochet jusqu'à ce que la téléphoniste revienne en ligne et dites-lui :

« On a coupé la communication avec le n° X... que j'avais demandé. »

B Si vous êtes le demandé

Raccrochez

et attendez que votre correspondant vous rappelle.

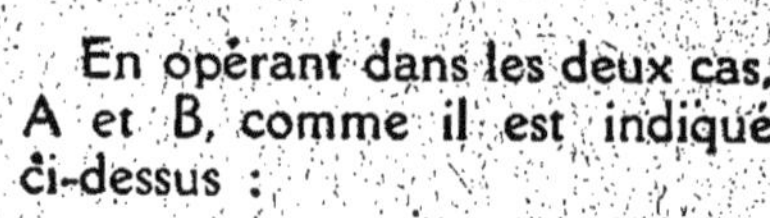

En opérant dans les deux cas, A et B, comme il est indiqué ci-dessus :

1° La communication coupée est rétablie sans difficulté ;

2° Le compteur n'est pas actionné de nouveau et, par conséquent, une seule unité de conversation est comptée.

Ne coupez pas !

Quand, après une communication coupée accidentellement, *les deux correspondants se redemandent en même temps, le rétablissement de la communication est impossible.*

Chacun d'eux reçoit le signal « Pas libre ».

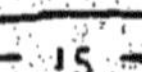

On vous donne un faux numéro

Le petit téléphoniste de la Maison X...., quand il est appelé par erreur ! !

Pour obtenir la rectification de cette erreur, manœuvrez lentement le crochet jusqu'à la réponse de la téléphoniste et dites-lui :

« On m'a donné un faux numéro,
Je demande Provence 99.15... »

Faites ce nouvel appel en l'accentuant très nettement et prenez garde que la téléphoniste répète bien ce numéro sans erreur.

Un abonné qui est appelé par erreur doit dire :

« Ici, numéro X...... », puis raccrocher sans délai.

On vous donne votre correspondant, mais il est en conversation avec un autre abonné

Dans ce cas, retirez-vous, raccrochez, à moins que votre correspondant, averti de votre présence, ne vous demande de rester en ligne.

Photo Sartony, rue Laffitte.

Ne tenez pas, comme cette dame, votre appareil de la main droite, qui doit rester libre pour écrire notes et renseignements.

Les photographies de cette brochure sortent des ateliers Sartony, 45, rue Laffitte, à Paris, photographe agréé de l'Administration des P. T. T.

Gutenb.
71-98
Central 46-80
46-81
46-82
Inter 06-76
La plus ancienne Société française fabriquant et installant le matériel téléphonique manuel et automatique,
SOCIÉTÉ INDUSTRIELLE DES TÉLÉPHONES
CONSTRUCTIONS ÉLECTRIQUES, CAOUTCHOUC, CÂBLES
Société anonyme au Capital de 54.000.000 f
25, Rue du Quatre Septembre
PARIS
vous rappelle qu'elle est à votre disposition sur une simple demande pour vous adresser un représentant et vous fournir tous devis et renseignements sans aucun engagement de votre part.

Vous êtes mis en communication avec deux abonnés inconnus qui sont en conversation

Raccrochez comme il vient d'être dit.
Puis au bout *d'une minute* reprenez votre appel.

Apprenez à bien connaître les signaux.

Ne confondez pas l'appel du numéro demandé
cadence lente.......................

avec le signal **" Pas libre "**
cadence rapide.......................

Il n'y a pas de signal de non réponse.

Retenez bien que :

" Pas libre "

ne veut pas dire *que l'abonné demandé parle,* cela veut dire *que sa ligne est occupée.*

Exemples :

— Vous demandez l'abonné X... au moment où il est appelé pour une communication interurbaine, vous obtenez un **" pas libre "**

— Vous demandez l'abonné X... (qui est absent de chez lui). Si pendant qu'on le sonne, un autre correspondant le demande, ce second correspondant obtiendra un **" pas libre "** alors qu'en réalité X... *ne répond pas.*

La téléphoniste :
" Pas libre ! "

L'abonnée :
C'est trop fort ! Toujours pas libre !

Dans certains cas, il n'y a donc pas contradiction entre le renseignement **" Pas libre "** *et la* **non réponse** *pour un abonné demandé.*

Téléphonie de Précision

La Séquanaise Électrique

(Etablissement P. JACQUESSON)

Agences et Dépôts :

BORDEAUX, LILLE, LYON, MARSEILLE, NANCY
NANTES, ROUEN

R. C. Seine 60.682 — *Bureaux et Magasins de Vente :* — C. C. Postal 1050-22

67, rue St-Lazare, PARIS (9e)

Téléphone : Trudaine 28.80

Usine :

8bis, rue Michelet, ISSY-lès-MOULINEAUX
Téléphone : Vaugirard 00.58

Téléphonie

automatique et manuelle

Tableaux multiples
Classeurs,
Boîtes à coupures,
Magnétos, Appareils

Les meilleurs, les plus élégants, les plus robustes

Fournisseur de

l'Administration des P. T. T.

Colonies, Guerre, Marine, Compagnies de Chemins de fer

Nombreuse clientèle usagers

Paris et Province

Disposition générale d'une ligne d'abonné dans un Multiple

Multiple d'arrivée

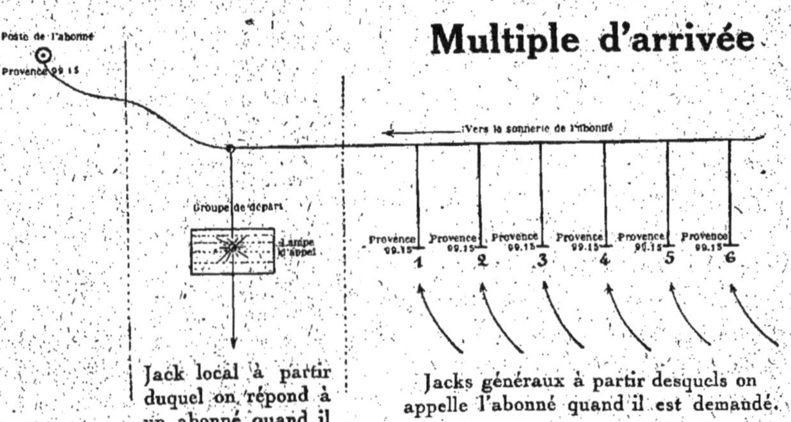

Photo Sartony, rue Laffitte.

Une lampe d'appel d'abonné.

Dès qu'une fiche est enfoncée dans l'un des jacks 1, 2, 3, 4, 5, 6, qui aboutissent tous à la même ligne d'abonné, cet abonné marque *"pas libre"*.

Remarquez :

Que vous appelez toujours au même endroit, mais que vous êtes appelé par plusieurs points différents.

Votre intérêt est de consulter la présente brochure et de la conserver

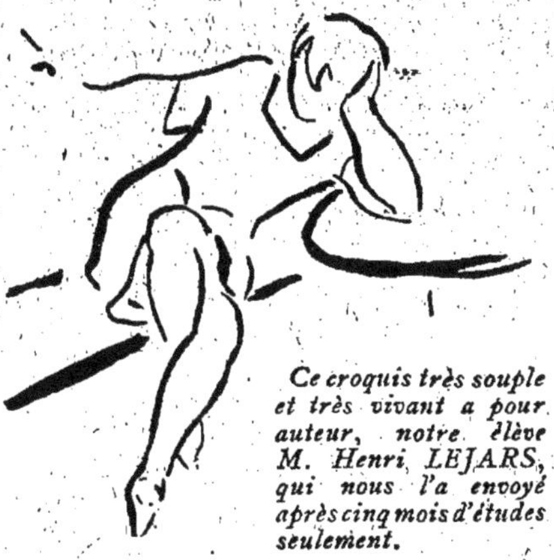

Ce croquis très souple et très vivant a pour auteur, notre élève M. Henri LEJARS, qui nous l'a envoyé après cinq mois d'études seulement.

Si vous pouvez écrire Vous pouvez DESSINER

Où que vous soyez, serait-ce même dans le coin le plus reculé du monde, quels que soient votre âge et votre profession, si rares que soient vos loisirs, si multiples que soient vos occupations, vous pouvez assurer la réalisation inespérée de votre rêve : savoir dessiner.

Par une méthode aussi simple qu'intelligente et agréable, vous ferez de très rapides progrès en développant les aptitudes que vous avez peut-être à votre insu pour le dessin, en faisant valoir votre personnalité dans des œuvres originales. Cette méthode aujourd'hui universellement adoptée est celle de l'Ecole A.B.C. de Dessin. Elle supprime toutes les difficultés du début qui avant elle ont découragé irrémédiablement tant de personnes cependant bien douées pour le dessin. En utilisant tout simplement l'habileté graphique acquise par l'élève en apprenant à écrire, elle lui donne tout à la fois une vision rapide et juste et une précieuse habileté de main.

Voilà ce qui explique les résultats atteints par nos élèves après quelques mois d'études seulement. L'Ecole A. B. C. n'enseigne pas seulement le dessin à des fins de pure distraction, mais encore pour une utilisation pratique des connaissances acquises (pour l'Illustration, la Publicité, la Mode, etc.). Elle atteint d'autant plus sûrement ce but que ses professeurs sont tous des artistes professionnels notoires, rompus à toutes les techniques et à tous les procédés. Chaque élève reçoit par la poste les leçons particulières, les corrections, les conseils d'un des professeurs qui pour lui est un guide très sûr.

Voulez-vous être fixé sur le fonctionnement et le programme de nos Cours ?

N'attendez pas une minute, demandez notre Album d'Art contenant tous les renseignements dont vous pouvez avoir besoin : il vous sera envoyé gratuitement.

ÉCOLE A. B. C. DE DESSIN

(Atelier A 44)

12, rue Lincoln, PARIS

Observez rigoureusement

Une minute d'attente

entre chaque communication

« J'attends toujours une minute entre chaque communication :
Une vraie minute de 60 secondes !! »

Dès qu'une communication est terminée, raccrochez, et si vous désirez une nouvelle communication,

attendez une minute avant de décrocher de nouveau.

Voici pourquoi :

De petites lampes « **signaux** » s'allument devant la téléphoniste lorsque les abonnés, la communication terminée, raccrochent leur appareil. Aussitôt la téléphoniste coupe la communication.

Donc, **raccrocher est indispensable** pour qu'une communication soit coupée.

Et il faut **raccrocher pendant une minute environ** pour que la téléphoniste ait le temps d'apercevoir les signaux et de rompre la communication.

Quand un abonné n'observe pas cette attente et reprend l'appareil au bout de quelques secondes, il fait disparaître le signal et la téléphoniste peut supposer que l'abonné est toujours en conversation. Pendant ce temps l'abonné n'obtient pas de réponse et met son correspondant dans l'impossibilité d'appeler et d'être appelé.

Au lieu de faire gagner du temps, cette précipitation en fait perdre et provoque des plaintes injustifiées.

Suivez bien cette règle :

Si une communication est coupée accidentellement, *c'est le demandeur* qui doit rester à l'appareil et rappeler la téléphoniste pour obtenir le rétablissement de la communication.

Le *demandé* doit se borner à raccrocher.

Remarquez-le :

Parmi vos correspondants,

ce sont toujours les mêmes *qui ne sont pas libres*, et toujours les mêmes *qui répondent tardivement*.

Faites-le leur observer :

Une maison qui n'est **jamais libre**, parce qu'elle n'a pas assez de lignes, mécontente ses clients et les perd.

Une maison où l'on **tarde à répondre** aux appels téléphoniques, donne l'impression d'une maison sans ordre.

Photo Sartony, rue Laffitte.

Première section de départ à Trudaine, avec la surveillante, à 11 heures du matin.

Avis aux abonnés " Littré "

Manœuvres recommandées

Pour les appels :

— Un dispositif automatique distribue régulièrement et uniformément aux téléphonistes de " LITTRÉ " les appels des abonnés de façon que chacun d'eux soit servi à son tour.

Il est essentiel, chaque fois qu'un abonné " LITTRÉ " appelle, **qu'il attende** la réponse de la téléphoniste **sans manœuvrer le crochet** mobile ou la fiche de son tableau.

Cette manœuvre pourrait avoir pour résultat de faire perdre le rang d'appel et par conséquent d'augmenter la durée d'attente.

Pour rappeler la téléphoniste sur une communication :

— Quand il y a lieu de rappeler la téléphoniste de " LITTRÉ " soit pour faire sonner l'abonné demandé, soit pour obtenir une rectification quelconque, *manœuvrer le crochet (ou la fiche du tableau)* **une** ou **deux fois** *au plus et lentement.* A la première manœuvre un signal permanent apparaît devant la téléphoniste et subsiste jusqu'à la rentrée en écoute sur la demande de l'abonné.

La présente brochure est en vente aux PUBLICATIONS DE L'INDICATEUR UNIVERSEL DES P. T. T., 3, rue de Champagny, PARIS (7e), au prix de 1 franc.

Pour demander une communication Suburbaine

(Banlieue immédiate de Paris)

ou une communication avec les bureaux rattachés au "Régional"

(Grande Banlieue)

1° *Les communications d'un abonné de Paris avec un abonné de :*

Boulogne-sur-Seine,
Clichy-la-Garenne,
Courbevoie,
Levallois-Perret,
Montreuil-sous-Bois,
Neuilly-sur-Seine,
Saint-Denis,
Vincennes,
Saint-Cloud,
Saint-Ouen,

se demandent et s'obtiennent comme pour Paris.

Distribution des lignes d'abonnés dans le nouveau multiple "Provence" *(10.000 lignes)*

2° *Pour les communications avec un abonné rattaché à l'un des autres réseaux suburbains*

(voir Annuaire page 8)

Formulez votre demande comme ci-dessus. Dites :

Asnières 414

Mais, pour ces bureaux, l'opératrice de banlieue intervient et s'annonce en disant, par exemple : "*Asnières, qui demandez-vous?*"

Vous devrez lui répéter le numéro que vous demandez.

3° *Pour les communications avec les abonnés des bureaux rattachés au "Régional".* (Voir liste à l'Annuaire, page 10).

Demandez le "Régional" et faites l'appel à la téléphoniste de ce bureau comme pour l'interurbain.

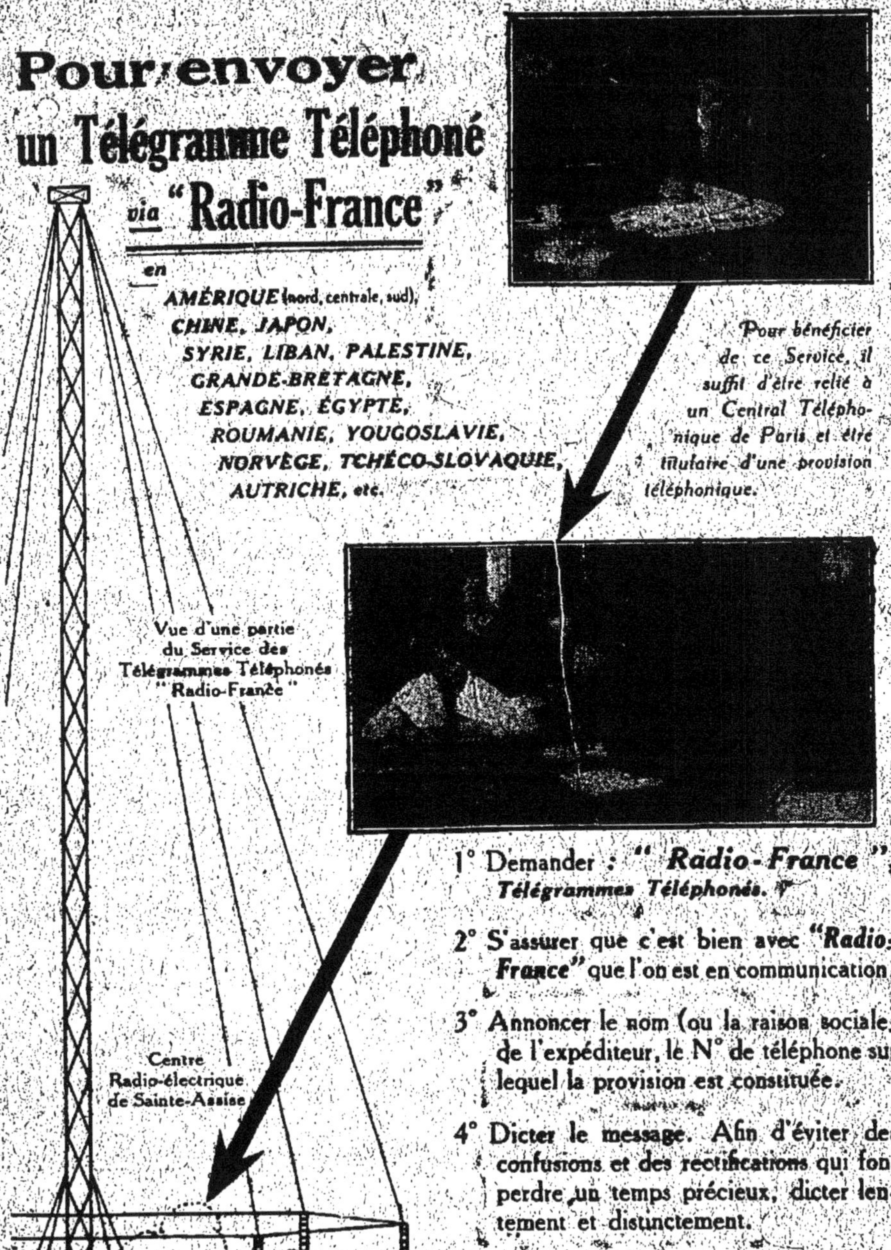
Pour envoyer
un Télégramme Téléphoné
via "Radio-France"
en
AMÉRIQUE (nord, centrale, sud),
CHINE, JAPON,
SYRIE, LIBAN, PALESTINE,
GRANDE-BRETAGNE,
ESPAGNE, ÉGYPTE,
ROUMANIE, YOUGOSLAVIE,
NORVÈGE, TCHÉCO-SLOVAQUIE,
AUTRICHE, etc.
Pour bénéficier de ce Service, il suffit d'être relié à un Central Téléphonique de Paris et être titulaire d'une provision téléphonique.
Vue d'une partie du Service des Télégrammes Téléphonés "Radio-France"
Centre Radio-électrique de Sainte-Assise
1° Demander : "Radio-France", Télégrammes Téléphonés.
2° S'assurer que c'est bien avec "Radio-France" que l'on est en communication.
3° Annoncer le nom (ou la raison sociale) de l'expéditeur, le N° de téléphone sur lequel la provision est constituée.
4° Dicter le message. Afin d'éviter des confusions et des rectifications qui font perdre un temps précieux, dicter lentement et distinctement.
5° La téléphoniste de "Radio-France" donne le collationnement du texte.
Pour tous renseignements, s'adresser : Cie RADIO-FRANCE — Téléphone Central 23-17
166, Rue Montmartre — PARIS (2e Arrt)

Pour demander une communication Interurbaine

Pour tous les réseaux autres que ceux susvisés, dès que la téléphoniste a dit " j'écoute ", demandez l'" *Interurbain* ".

La téléphoniste, après avoir répété cette demande, vous met en communication avec le service interurbain.

La téléphoniste de ce service (dite annotatrice) s'annonce en disant : " *Interurbain, qui demandez-vous ?* "

Formulez votre demande en indiquant :

1° *Le numéro d'appel de l'abonné demandé ;*

2° *Le nom du réseau dont fait partie cet abonné ;*

3° *Votre propre numéro d'appel.*

Exemples :

Donnez-moi 9.47 à Lille pour Provence 99.15.

Donnez-moi 4.25 à Dijon pour Vincennes 13.15.

La téléphoniste répète la demande et indique la durée probable de l'attente *(cette indication étant simplement approximative et donnée seulement à titre de renseignement).*

Raccrochez ensuite. Vous serez rappelé lorsque votre tour de communiquer sera venu.

Important :

1° *Quand vous avez un renseignement à demander* **au sujet d'une communication interurbaine déjà inscrite,** *mais non encore établie, appelez à nouveau l'"* Interurbain ".

2° Pour connaître les diverses taxes applicables aux communications téléphoniques avec les localités de la banlieue de Paris (Seine, Seine-et-Oise, Seine-et-Marne) et avec les départements, demandez le SUPPLÉMENT PARISIEN AU TABLEAU MURAL DES P. T. T., 3, rue de Champagny, PARIS (VIIe). Prix : 1 fr. 50.

Au
poste central téléphonique

Rôle de la téléphoniste

— La téléphoniste répond aux appels en s'annonçant de la façon suivante : *"j'écoute"*.

— Elle doit répéter les appels.

— Veillez à l'exactitude de cette répétition et rectifiez immédiatement si votre numéro a été mal compris.

— Dans le cas où elle est seule à intervenir pour donner suite à votre appel, la téléphoniste vous donne presque instantanément et de vive voix le renseignement *"pas libre"*, si la ligne de votre correspondant est occupée.

Dans le cas contraire, le numéro demandé est sonné.

Une téléphoniste de départ.
Les petits points blancs représentent les lampes d'abonnés.
Une téléphoniste dessert de 90 à 120 abonnés en moyenne.

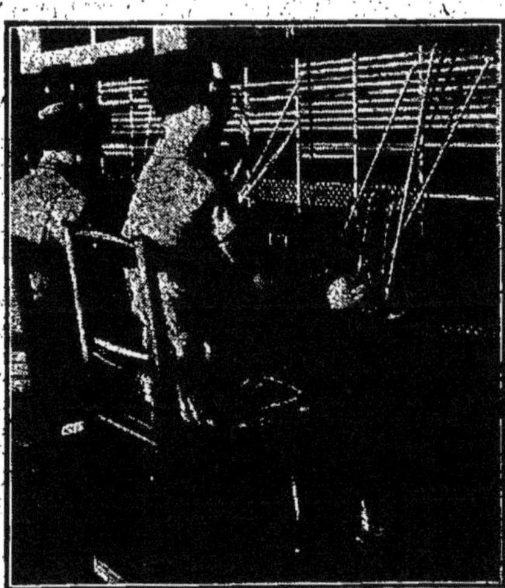

Photo Sartony, rue Laffitte.

Groupe d'arrivée.
Téléphoniste de "Trudaine" répondant aux appels de "Gutenberg".

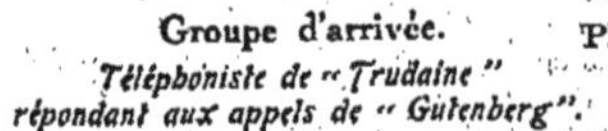

Cette téléphoniste répond aux demandes d'un bureau correspondant et sonne les abonnés ou envoie le signal "PAS LIBRE".

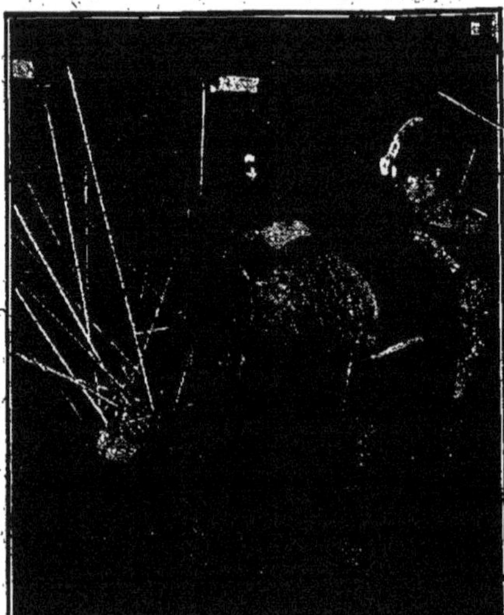

Photo Sartony, rue Laffitte.

Dans la plupart des cas, la téléphoniste transmet l'appel à une deuxième téléphoniste, qui sonne l'abonné demandé quand sa ligne est libre ou qui provoque l'envoi du signal *"pas libre"*, si le numéro demandé est occupé.

Il ne dépend pas de la téléphoniste qu'un numéro soit libre ; il ne dépend pas d'elle davantage qu'il réponde ou ne réponde pas.

La téléphoniste doit répondre aux manœuvres du crochet ou de la fiche du tableau ayant pour but de faire rectifier une erreur ou de faire sonner l'abonné demandé.

Quand la téléphoniste transmet l'appel en votre présence, **restez silencieux**. S'il vous paraît qu'elle perd du temps, c'est qu'elle attend son tour sur le distributeur d'ordre automatique.

Au poste appelé

Je n'ai jamais su me servir de ce fichu instrument !!!

L'abonné doit *répondre sans retard*, et au lieu de dire "allo !" ou "j'écoute" dire aussitôt :

« Ici Gutenberg 28.75 »
(c'est-à-dire donner son numéro)

Si l'appel reçu par l'opératrice du tableau est destiné à un poste supplémentaire, cette opératrice doit abaisser la clé de garde pendant qu'elle sonne le poste supplémentaire.

Il ne faut pas raccrocher l'appareil pendant qu'on cherche un renseignement.

Sachez attendre

Il ne faut pas raccrocher parce que le poste demandeur vous ayant dit : *« Ne quittez pas, Monsieur X... va vous parler »* votre correspondant, Monsieur X..., se fait attendre pour venir en ligne.

Évitez aux téléphonistes d'avoir à revenir, pour cette raison, sur une communication qui a été normalement établie.

Ne négligez pas de raccrocher dès qu'une communication est terminée

Comment réaliser l'installation de son Téléphone

Et comment organiser son service téléphonique

Quelle que soit son importance,

Disposez votre installation de téléphone de façon commode, pratique, à votre portée, et telle que vous puissiez répondre sans délai aux appels du bureau central.

Si vous avez un magasin au rez-de-chaussée et votre bureau au premier étage, ne vous contentez pas d'un appareil unique.

Moyennant un faible complément d'abonnement, vous pouvez obtenir un deuxième poste en dérivation.

Vous ne perdrez plus de temps et n'en ferez pas perdre à vos correspondants.

Ayez un nombre de lignes proportionné à tous vos besoins, aussi bien pour les appels que vous pouvez recevoir que pour ceux que vous pouvez formuler.

Une maison bien administrée doit avoir une organisation téléphonique parfaite.

Si elle est beaucoup demandée ; si elle reçoit beaucoup d'ordres, de commandes, elle doit rechercher *les lignes en série,* c'est-à-dire aux numéros qui se suivent, et souscrire ses abonnements à *sens unique,* c'est-à-dire *en lignes spécialisées d'arrivée,* pour répondre aux demandes de l'extérieur et en *lignes spécialisées de départ* pour passer ses appels.

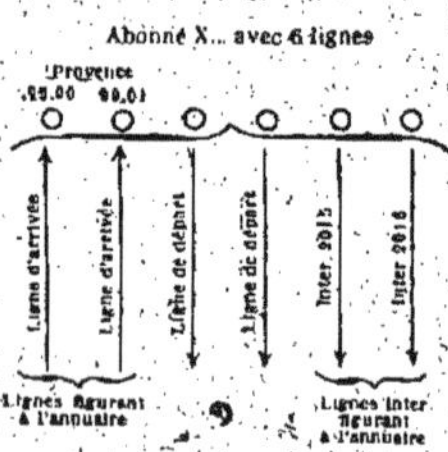

Si une maison a un nombre assez élevé de communications interurbaines, elle doit prendre des abonnements *aux lignes Inter,* qui sont rigoureusement réservées aux communications avec la province.

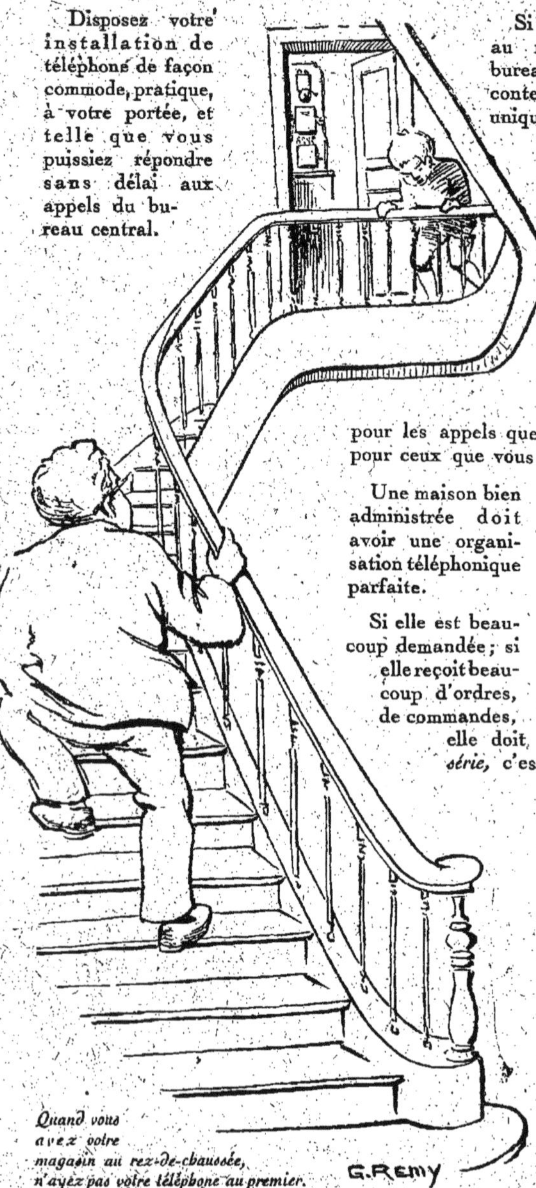

Quand vous avez votre magasin au rez-de-chaussée, n'ayez pas votre téléphone au premier.

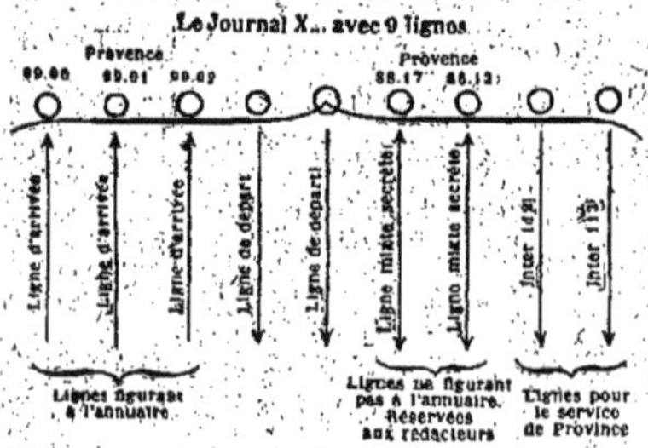

On peut également favoriser son service téléphonique en souscrivant des abonnements à des *Lignes* qui ne figurent pas à l'annuaire.

Ces lignes sont réservées à certains correspondants du choix de l'abonné, ou bien elles sont destinées à assurer des liaisons pour certains postes supplémentaires, après la fermeture des bureaux.

Exemple : Une ligne mixte relie, après fermeture des bureaux, l'appartement du directeur avec le réseau et lui permet de recevoir des communications et d'en demander.

Une autre est reliée avec le gardien de nuit, etc.

Pour donner à votre installation téléphonique toute la souplesse nécessaire, et pour qu'elle fonctionne en parfait accord avec les multiples, demandez à la *Direction des Services téléphoniques de Paris* de vous envoyer un de ses agents de contrôle, qui se mettra à votre disposition pour fixer le meilleur rendement de vos lignes.

Veillez à ce que votre personnel utilise également vos diverses lignes. Pour exercer cette surveillance, consultez les relevés mensuels de vos communications.

Ne confiez pas votre téléphone à des enfants ou à des employés inexpérimentés.

Faites suivre à vos opérateurs ou opératrices le **cours gratuit de Téléphonie pratique** que l'Administration a institué dans votre intérêt.

Vous éviterez beaucoup de difficultés, et vous gagnerez du temps et de l'argent.

Ne confiez pas le téléphone à un petit groom.

Cours gratuit de Téléphonie pratique

Voir les renseignements à l'avant-dernière page de la présente brochure.

Dérangements des postes téléphoniques

Comment on peut en réduire le nombre et comment on doit les signaler.

Comment on peut réduire les dérangements de son poste téléphonique.

Votre intérêt, comme le nôtre, est de ne pas avoir d'interruption dans votre service téléphonique :

— Prenez donc soin de votre installation et de tous vos appareils, qui sont des instruments délicats.

— Evitez de placer des appareils téléphoniques dans des endroits humides.

— Dénouez les cordons sans traction, avec méthode.

— Ne manœuvrez pas les crochets et fiches avec brutalité.

En agissant ainsi, vous éviterez de provoquer des dérangements : *(vis desserrées, mauvais contacts, ressorts faibles, etc...)* qui occasionnent dans vos communications des interruptions intermittentes, des hachures de phrases, des bruits, souvent attribués à tort à des coupures intempestives des téléphonistes.

— A la téléphoniste ou au correspondant qui ne vous entend pas, ne répondez pas : « Moi, je vous entends bien. » Cela n'a rien de commun. **Parlez plus près de l'appareil.** Mais si cette remarque se répète, n'hésitez pas à demander la vérification de votre appareil.

— Remplacez les appareils ancien modèle et ceux qui vous sont signalés comme étant défectueux. Un bon appareil est indispensable à qui veut téléphoner sans effort et avec le minimum de difficultés.

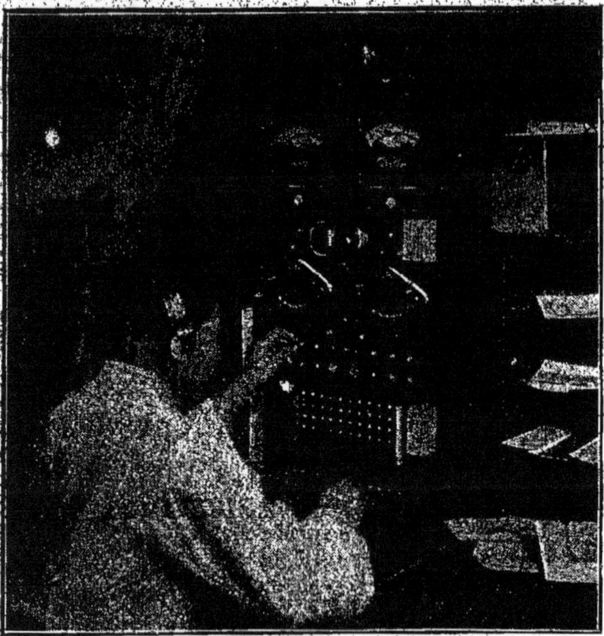

Table d'essai de Trudaine

Les lignes pour lesquelles des dérangements sont signalés sont essayées à cette table.

Le Répartiteur de Provence

Photo Sartony, rue Laffitte.

Arrivée des lignes d'abonnés sur les câbles à la sortie des égouts.
Distribution de chaque ligne d'abonné sur son numéro.

Pour signaler un dérangement

1° **Si votre poste le permet,** demandez le SERVICE DES RÉCLAMATIONS de votre Bureau central et indiquez, autant que possible, la nature du dérangement :

« Abonné Gutenberg 97.15, ma sonnerie ne fonctionne pas. »

« Mes correspondants m'entendent mal. »

« Mon poste supplémentaire est interrompu. »
Etc., etc.

2° **Si votre poste ne permet plus de téléphoner,** adressez-vous personnellement au SERVICE DES RÉCLAMATIONS DU BUREAU CENTRAL dont vous dépendez, ou faites déposer une réclamation écrite à ce service :

« Abonné Gutenberg 97.15, je reçois des appels, mais je ne puis appeler moi-même. »

« Je suis sans communication dans les deux sens. »

Si vous êtes trop éloigné du Poste Central Téléphonique, adressez-vous au bureau de Poste le plus voisin de votre domicile et signalez dans les mêmes conditions que ci-dessus le dérangement de votre poste.

Il n'est pas nécessaire de téléphoner au Poste central téléphonique à partir du bureau de poste. Celui-ci doit donner suite à votre réclamation.

Si, au lieu de recourir aux moyens ci-dessus indiqués, vous écrivez au Chef du Poste central téléphonique, vous retardez la recherche du dérangement et son relèvement.

Service des Réclamations

Si les règles et les manœuvres très simples rappelées ci-avant sont bien observées,

Si les conseils qui précèdent sont retenus et mis en pratique,

beaucoup de difficultés seront évitées,
beaucoup de temps sera économisé
et l'occasion de réclamer sera beaucoup plus rare.

Ne discutez pas avec les opératrices; vous faites perdre du temps aux autres abonnés et vous en perdez, pour cette raison, à votre tour.

Les réclamations téléphoniques peuvent être formulées :

Par téléphone, en s'adressant, à Paris, au Service des Réclamations créé spécialement à cet effet dans chacun des Bureaux Centraux Téléphoniques,

ou, dans les autres réseaux, au Receveur du bureau auquel l'abonné est relié.

Verbalement, en se présentant au Poste Central Téléphonique auquel l'abonné est rattaché. Un bureau est chargé de recevoir les réclamations verbales.

Par écrit, à la Direction des Services téléphoniques, 24, rue Bertrand, à Paris, pour les abonnés de Paris,

au Directeur départemental pour les autres réseaux.

Une opération téléphonique ne laisse aucune trace. Il est donc indispensable de formuler les réclamations dans le plus court délai en indiquant :

la nature de l'incident,
le jour et l'heure précise où il s'est produit,
le poste à partir duquel le réclamant a téléphoné,
le poste demandé.

Le Service des Réclamations donne aux plaintes qu'on lui adresse toute la suite qu'elles comportent. Il est, en conséquence, recommandé aux abonnés de recourir, dans tous les cas, à ce service de préférence à la Surveillante ou au Contrôleur qu'il y a intérêt à laisser à leur rôle particulier.

P. L.

Le cours gratuit de téléphonie pratique

Pour assurer dans les meilleures conditions la nécessaire collaboration des abonnés et des centraux téléphoniques, l'Administration des P. T. T. a institué un cours gratuit de téléphonie pratique réservé au personnel des deux sexes chargé du téléphone chez les abonnés, et aux jeunes gens et jeunes filles qui se destinent à cet emploi dans les établissements privés.

Confier une installation téléphonique, quelle que soit son importance, à un personnel exercé, c'est gagner tous les jours du temps et de l'argent. Nous recommandons spécialement aux abonnés d'envoyer leurs employés au cours gratuit de téléphonie pratique et d'exiger du personnel qu'ils recrutent pour leur service téléphonique, le certificat que l'Administration des P. T. T. délivre aux élèves à la sortie du cours.

Le cours gratuit, qui a lieu au Bureau Central de Trudaine-Provence, 5, rue du Faubourg-Poissonnière, dure huit jours, à raison d'une séance par jour : l'après-midi ou le soir au choix.

Pour se faire inscrire, écrire à : M. l'Ingénieur en chef, Directeur des Services téléphoniques de Paris, 24, rue Bertrand, Paris (VIIe).

TABLE DES MATIÈRES

Pages

X. PERROUX ET FILS, MACON

MICROLUX
DOUBLE DURÉE. DOUBLE PUISSANCE
DOUBLE USAGE
LA LAMPE MICROLUX, 1, Rue de Metz - PARIS
TROIS TYPES LAMPES MICROLUX

www.ingramcontent.com/pod-product-compliance
Ingram Content Group UK Ltd.
Pitfield, Milton Keynes, MK11 3LW, UK
UKHW020437180726
13839UKWH00004B/1541